AF596778

OBSERVATIONS
GÉNÉRALES
SUR LA CULTURE
ET
LE COMMERCE DU TABAC
EN FRANCE.

OBSERVATIONS

GÉNÉRALES

SUR LA CULTURE

ET

LE COMMERCE DU TABAC

EN FRANCE;

Publiées par la Chambre de commerce de Strasbourg.

A STRASBOURG,

Chez F. G. Levrault, imprimeur du Roi.

1816.

Ce mémoire est l'ouvrage d'un ancien fabricant de tabac qui, en 1809, paya au Gouvernement 1,500,000 francs de droits, et qui remporta, en 1812, les hauts prix établis pour la culture du tabac en feuilles dans le département du Bas-Rhin.

OBSERVATIONS
GÉNÉRALES
SUR LA CULTURE
ET
LE COMMERCE DU TABAC
EN FRANCE.

La fabrication et la vente du tabac étaient, avant la révolution, affermées dans toute la France, à l'exception des provinces de la Flandre et de l'Alsace, qui avaient conservé leurs anciennes franchises.

Elles étaient l'objet d'un monopole dans le Piémont, la Lombardie, le royaume de Naples, en Espagne et dans les états héréditaires de l'Autriche.

Dans le restant de l'Europe elles faisaient partie du domaine de l'industrie, quoique soumises à des droits plus ou moins forts, qui se percevaient, soit sur la matière brute, soit sur le produit fabriqué.

Les contrées qui jouissaient de cette liberté, consommaient principalement les tabacs des manufactures de Dunkerque, de la Hollande et de l'Alsace, parmi lesquelles on distinguait surtout celles de Dunkerque. Les tabacs de ces dernières étaient recherchés tant au Nord qu'au Midi ; ils surpassaient de beaucoup en qualité les produits de la ferme de France, à l'exception de son tabac dit d'étrennes, qu'elle ne fabriquait qu'en petite quantité. Leur prééminence sur les tabacs de la Hollande est constatée par ce seul fait, que les manufactures d'Amsterdam et de Rotterdam n'obtinrent de vogue qu'en s'attachant à imiter le genre de fabrication de Dunkerque, et qu'elles eurent même recours à l'expédient d'apposer sur tous leurs tabacs des vignettes portant les lettres initiales des noms des manufacturiers les plus distingués de cette ville.

Ces tabacs, si justement renommés, étaient composés d'environ quatre cinquièmes de feuilles d'Amérique et un cinquième de feuilles de la Flandre et de la Hollande : ils se vendaient en Allemagne, en Russie, en Suisse, en Prusse, etc., et notamment aux fermes de Milan et de Turin, au taux, en temps de paix, de quatorze à quinze sous la livre poids de marc, pris à Dunkerque. Les produits des fabriques de la Hollande, inférieurs, ainsi qu'il a été dit, à ceux de Dunkerque, quoique généralement composés des mêmes matières et dans les mêmes proportions, ne se vendaient que douze à treize sous la livre.

Les manufactures de l'Alsace fabriquaient exclusivement des tabacs de deuxième qualité. Elles n'employaient que des feuilles du cru de l'Alsace et du Palatinat; elles vendaient dans les mêmes contrées qu'approvisionnaient les fabriques de Dunkerque et de la Hollande, ainsi qu'à la ferme de Turin. Le prix moyen de leurs tabacs, en temps de paix, était de sept sous la livre.

Il existait aussi quelques fabriques de tabac en Allemagne, mais qui n'étaient remarquables sous aucun rapport.

Tandis que toutes ces manufactures privées versaient leurs produits à des taux si modérés, les consommateurs des pays soumis au régime des fermes payaient le tabac au prix moyen de trois francs la livre.

Avant 1790 on évaluait généralement la consommation annuelle de tabac, en Europe, à une livre poids de marc par individu de tout âge et de tout sexe.

En supposant que la population de cette

partie du globe soit de 160 millions d'habitans[1], son approvisionnement annuel en tabac aurait exigé 160 millions de livres pesant.

A la même époque la culture du tabac n'avait lieu, en Europe, que dans la Flandre française, le Palatinat, l'Alsace, la Hollande et la Hongrie. On estimait que ces provinces fournissaient ensemble à la consommation générale 40 millions de livres. Le surplus (c'est-à-dire 120 millions) était fourni par le continent d'Amérique et presque en totalité par les États-unis, dont les feuilles surpassaient en qualité toutes les autres. On évaluait le prix moyen de ces tabacs en feuilles, tant exotiques qu'indigènes, et livrés soit dans nos ports, soit sur les marchés principaux dans les provinces de culture, à cinq sous la livre.

Tous ceux qui se sont occupés de calculs en cette matière, avaient aussi reconnu que, dans les pays exempts de monopole, la moitié des habitans consommaient, à raison de la modicité des prix, du tabac de première, et l'autre moitié de seconde qualité.

En supposant que toute l'Europe se fût trouvée sous le régime si naturel d'une liberté indéfinie d'industrie, quatre-vingts

1 Voyez la Géographie de Guthrie.

millions de ses habitans auraient déboursé annuellement pour du tabac à 14 sous la livre........ 56,000,000f

et les autres, pour du tabac à sept sous la livre................ 28,000,000

Il convient d'ajouter à ces sommes les frais de transport des tabacs, depuis les fabriques jusque dans les lieux de débit, et la rétribution due aux débitans ; ce qui, ensemble, peut être évalué à 5 sous la livre[1], par conséquent à 40,000,000

En totalité...... 124,000,000f

Ainsi, dans l'hypothèse établie, l'usage du tabac aurait coûté annuellement à l'Europe 124 millions, qui se diviseraient comme il suit :

40,000,000	pour la culture (à raison de cinq sous par chaque livre de feuilles, ainsi qu'il a été dit plus haut) ;
44,000,000	pour la classe manufacturière ;
40,000,000	pour le roulage et le profit des débitans ;
124,000,000,	somme égale.

1 Dans les temps de paix le prix moyen des transports d'un point quelconque du continent vers tous les autres ne s'élève pas au-dessus de deux sous par livre. Mais il

Les bouleversemens politiques amenés par les vingt-trois années d'une guerre générale qui viennent de s'écouler, ont eu pour résultat, en France, d'abord de favoriser l'industrie manufacturière, en lui permettant de vendre dans toutes ses provinces des produits qui, auparavant, étaient limités à la Flandre et à l'Alsace; dans la suite, de l'anéantir par l'éblissement d'un monopole : dans l'Europe, en général, de propager fortement la culture du tabac.

L'intérêt agricole, puissamment excité par l'interruption des relations avec l'Amérique, essaya partout des plantations de tabac. En Allemagne, en Suisse, sur tous les points de la France, on s'y livra avec la plus grande constance. Dans les provinces qui en étaient en possession depuis long-temps, elles furent doublées. L'Italie et l'Espagne cependant restèrent étrangères à cet élan de l'industrie rurale.

Les circonstances rendirent partout ces plantations très-lucratives; mais ce n'est que

---

faut remarquer que jusqu'à l'époque de la révolution il avait été d'usage d'accorder de longs crédits au commerce, ce qui permettait aux acheteurs de profiter de la navigation de toutes les rivières et de tous les canaux, sans tenir aucun compte de la lenteur du trajet.

dans les provinces méridionales de la France qu'elles offrirent les résultats les plus réellement avantageux, c'est-à-dire, des résultats indépendans et des temps et de tout bouleversement politique, reposant uniquement sur la qualité intrinsèque du produit.[1]

La plante du tabac, originaire du midi, demande un climat qui jouisse d'une assez grande intensité de chaleur pour développer en elle toutes les qualités qui lui sont propres. Le midi de la France s'y trouve entièrement propice. Le tabac y réussit à un tel point qu'il égala celui des États-unis, autrefois si recherché.

Les succès de cette culture dans la France méridionale forment un fait avéré et constant, que l'expérience des manufacturiers peut, au besoin, garantir. Dès 1814, les Chambres législatives les avaient proclamés par l'organe de plusieurs de leurs membres, et des ouvrages distingués les ont confirmés.

De ces heureux résultats l'économe politi-

---

1 Déjà en 1788, Letrône (*de l'Administration provinciale*, liv. III, ch. 5), en parlant des temps où la culture du tabac était libre en France, disait : « Nos bons crus sont » supérieurs à ceux de la Virginie ; et l'Allemagne, qui » nous en fournit tant aujourd'hui en contrebande, nous » en achèterait à son tour. »

que doit tirer cette conséquence, d'une haute importance, qu'aussi long-temps que l'Italie et l'Espagne n'entreprendront pas de cultiver cette plante, la France aura seule de tous les États européens l'avantage de pouvoir offrir à la consommation de l'Europe des tabacs de la qualité la plus généralement appréciée.

Il est encore essentiel de remarquer que cette culture y serait peu dispendieuse, du moment qu'elle aurait acquis de la stabilité, par la raison que le climat, qui la favorise sous le rapport de la qualité du produit, l'exempte aussi d'une infinité de frais de main-d'œuvre auxquels elle se trouve assujettie lorsqu'on veut la forcer dans des régions qui lui sont contraires. Quant au transport de ses produits sur les divers marchés de l'Europe, la situation de la France le rend aussi facile que celui des feuilles de l'Amérique.

Ainsi les tabacs du cru de la Hollande ne pourraient point soutenir la comparaison avec ceux du midi de la France, de même que ceux que l'on cultive aujourd'hui en Allemagne et en Suisse, ne peuvent entrer en parallèle avec les feuilles de l'une des provinces moyennes de la France, l'Alsace.

Il importe de faire observer, relativement aux produits de la Hongrie, qu'ils restent de tout temps confinés dans les États héréditaires de l'Autriche et à l'usage des monopoles y établis, pour cause d'un goût de terroir qu'ils conservent, et qui répugne aux consommateurs étrangers.

Le besoin que les habitans de l'Europe se sont fait du tabac, est suffisamment constaté, et par l'ancienneté de son usage, et par le sacrifice que le pauvre même ne craint pas de s'imposer, en payant annuellement, dans les pays soumis au fisc, 30 et 36 francs, c'est-à-dire, entre le dixième et le quatorzième de son salaire, pour le satisfaire. Nous avons vu que ce besoin exige au moins 160 millions de livres pesant de tabac par an; il serait même susceptible de s'étendre davantage.[1]

---

1 Lorsque Turgot, en 1775, réduisit à moitié les droits d'entrée et de halle sur la marée qui se débitait à Paris, le montant des perceptions resta le même. Il fallut donc que la consommation de cette denrée eût doublé.

Le même ministre eut pour principe de décider tous les cas douteux en faveur du contribuable : il en résulta une perception plus douce, qui favorisa à un tel point la production, et la consommation, qui en est la suite, qu'on paya volontiers 60 millions au lieu de 10,550,000 livres qui étaient perçus précédemment : augmentation qui serait à peine croyable, si elle n'était si formellement établie dans les Œuvres de Turgot (tome I.er, page 170).

Pour mieux reconnaître le principe que la consomma-

Lorsque la France trouve dans la bonté de son climat, et dans la perfection de son industrie manufacturière, de quoi satisfaire seule et exclusivement à ce besoin, certes, vouloir la priver d'un produit qui semble inhérent à son sol, qui entre dans les échanges annuels de l'Europe pour une somme de cent vingt-qantre millions de francs, ne pourroit être que le résultat de la plus absurde conception. Cependant cette proscription si impolitique fut proposée aux corps constituans de l'État, et décrétée par eux au moins temporairement.

Les considérations sur lesquelles on l'appuya, sont au nombre de trois : 1.° *La gêne que la culture des tabacs pourrait occasioner*

---

tion augmente à raison de la diminution du prix des objets, on pourra recourir encore à l'ouvrage cité de Letrône (même liv. même ch.); à l'Essai politique de M. de Humbold sur la nouvelle Espagne, liv. V, ch. 12, et enfin à la lettre du marquis Landsdown, membre du Parlement d'Angleterre, adressée en 1785 à M. l'abbé Morellet, par laquelle il lui apprend que « la diminution des droits sur le thé « a eu des suites si avantageuses, que les ventes ont augmenté de cinq millions de livres pesant à douze millions ; « et qu'outre cet avantage on a retiré de cette opération « celui d'affaiblir tellement la contrebande, que le revenu public se trouve augmenté à un degré dont tout « le monde est étonné. »

à celle des blés; 2.° l'importance des relations déjà établies avec les États-unis de l'Amérique; 3.° les besoins de l'État.

Discutons séparément la valeur de ces trois considérations, en remontant aux principes qui sont propres à chacune.

1.re CONSIDÉRATION.

L'Agriculture.

On ne peut contester que l'agriculture ne soit une des sources les plus abondantes et la plus solide des richesses d'un État. Chez une nation où l'industrie manufacturière et commerciale est portée, sans contredit, au plus haut degré, un auteur célèbre, Adam Smith, soutient même que l'agriculture est la source la plus féconde des richesses. Sans nous attacher à ce que cette assertion renferme d'absolu, arrêtons nos regards sur les résultats heureux que présente l'agriculture dans quelques contrées où elle prospère.

Le continent de l'Italie renferme une population de 17,329,621 individus sur une surface de 14 mille lieues carrées, ou 1237 par lieue [1] : l'art manufacturier y est très-peu

1 Voyez Bibliothèque britannique. N.° 160. p. 371.

connu, le commerce négligé; mais l'agriculture y réunit tous les degrés de perfection que le travail, l'économie et le génie de l'homme semblent pouvoir atteindre.

On rencontre dans ce pays tous les systèmes d'économie rurale connus jusqu'à ce jour dans les différentes parties du globe: les canaux et les prairies, qui forment la principale richesse territoriale de la Hollande; les rizières, sans lesquelles l'immense population de la Chine manquerait de subsistance; l'art de faire succéder sans interruption une récolte à une autre, en variant leur espèce, ainsi qu'on le pratique dans la Belgique. On y élève de nombreux troupeaux de bestiaux que, d'après l'usage des peuples pasteurs, on conduit, suivant les saisons, des montagnes dans les plaines. Outre les céréales ordinaires, on y cultive le maïs: sa surface est couverte de mûriers, de vignes, d'oliviers.

On s'abuserait néanmoins si l'on attribuait une si grande abondance à une prodigieuse fertilité du sol; car le blé n'y fournit communément que cinq et demi pour un.[1]

---

1 Voyez le numéro déjà cité de la Bibliothèque britannique, même page.

C'est donc dans l'industrie, qui sait tirer du sol cette masse étonnante de produits, que l'Italie puise les moyens de solder les objets manufacturés qu'elle achète de l'étranger, et l'immense quantité de denrées coloniales qu'elle consomme; d'alimenter sans effort une population de 1237 habitans par lieue carrée, la plus forte qui soit en Europe: c'est par elle que, malgré le grand nombre de guerres qui l'ont désolée, elle n'a jamais connu le papier-monnaie : c'est là qu'elle trouve les ressources nécessaires pour le luxe et la magnificence que l'on remarque dans ses villes.

En France, dans une province qui, pendant un siècle et demi, a été gouvernée sans aucune entrave fiscale, qui a su faire tourner au profit de ses terres et à l'amélioration de ses combinaisons rurales toutes les faveurs que cette liberté lui procurait, en Alsace, l'on remarque une perfection de culture qui peut entrer en parallèle avec celle de l'Italie.

On cultive dans cette contrée toutes les espèces de céréales, le tabac, la pomme de terre, la garance, le chanvre, la vigne, les graines à huile et à moutarde; on y élève des troupeaux de bêtes à laine; on y trouve toutes les espèces de prairies artificielles, et des bois soigneusement menagés y entretiennent une grande abondance de combustibles et de matériaux de construction.

La longue protection que nos Rois ont accordée aux habitans de l'Alsace, ayant favorisé le développement de leur industrie, on les a vus allier l'art manufacturier à celui de la culture. Durant la saison morte, tous leurs momens sont remplis par les soins qu'exigent le tabac et la garance, par l'apprêt des chanvres, par la fabrication des huiles communes, des amidons, des toiles, des bas, gants et étoffes de laine.

Les exportations annuelles de cette province ne peuvent être que très-considérables; une évaluation moyenne des vingt dernières années les porte à 200 mille quintaux (poids de marc) de tabac, 40 mille quintaux de garance fabriquée, 60 mille quintaux de chanvre, 15 mille mesures de vin, trois mille quintaux de moutarde, 16 mille quintaux de blé ou farine pour le midi de la France, sans compter une grande quantité de toiles, d'huiles, d'amidons, et d'étoffes de laine, produit de l'industrie des cultivateurs.

Il est essentiel de remarquer encore que durant la même période le prix moyen du rézal de blé (du poids de 185 à 195 livres) n'y a pas dépassé le taux de 18 francs, quoiqu'elle ait constamment nourri les nombreuses armées qui y ont séjourné.[1]

Tout homme qui n'est pas indifférent aux intérêts de sa patrie, demeure, sans doute, frappé d'étonnement à la vue d'une si grande abondance de richesses que, dans les deux contrées dont nous venons de parler, le sein de la terre fournit seul.

On se persuade, en la contemplant, que, par la variété de produits introduite dans la culture, les états sont désormais à l'abri du fléau des disettes, parce que, si une denrée ne réussit point, l'autre nécessairement prospère[2]; que l'agriculture procure une richesse qui est plutôt nationale que particulière, parce que la généralité des citoyens profite de tous ses perfectionnemens; que la fertilité

---

1 Dans certaines années de la révolution, le Gouvernement a fait acheter en Alsace, pour l'entretien de ses armées campées sur le Rhin, jusqu'à cent mille rézaux de blé.

2 Si, à l'époque de 1709, où les blés gelèrent dans les champs, on avait connu en France toutes les espèces de culture que l'on y pratique aujourd'hui, cette calamité n'eût presque pas été sensible, parce que les mêmes champs où les blés avaient gelé auraient reçu les céréales d'été, la pomme de terre, les féverolles, etc., denrées qui auraient procuré une ressource équivalente à celle des blés perdus.

du sol même s'accroît par la multiplicité des produits; enfin, qu'aucun autre genre d'industrie ne saurait fournir à un état de plus amples trésors.

Où l'économe politique trouvera-t-il une plus grande production que celle que nous venons de faire remarquer en Italie et en Alsace, plus d'aisance dans la vie, et par conséquent plus de germes d'accroissement pour la population, plus d'établissemens utiles, plus de capitaux employés à vivifier la production ?

S'il faut aussi envisager les besoins du fisc, où celui-ci pourrait-il espérer des ressources plus certaines ?

Là où, par l'effet de la plus grande variété dans la culture, les produits trouvent leur débit dès qu'ils ont atteint la maturité, le contribuable n'est jamais en retard pour la redevance qu'il doit à l'État : bien plus, l'aisance dont il jouit, fait qu'il ne demande pas même ce qu'il doit payer; il ne réclame du Gouvernement que la faculté d'agir et de produire : ce serait donc s'égarer dans des conceptions bien absurdes que de vouloir restreindre la liberté de son industrie, et diminuer la quotité de ses contributions.[1]

---

1 En 1831, on a diminué l'impôt foncier, et généralement restreint la faculté de planter du tabac.

Si les avantages de l'agriculture sont réels, s'il est vrai qu'un État ne saurait en espérer d'une plus grande importance, le Gouvernement doit à l'agriculture une protection spéciale.

Les moyens par lesquels cette protection s'exerce sont nombreux ; mais nous nous bornons à dire ici que la liberté la plus absolue en est la base, et que l'introduction de la plus grande variété dans les produits est le gage le plus certain de la prospérité.

Le tabac offre, ainsi que nous l'avons dit plus haut, les ressources les plus précieuses à l'agriculture en France : sa culture doit donc être permise partout où l'économie rurale juge utile de l'admettre.

Cependant quelques personnes ont avancé qu'elle pourrait nuire à celle des blés. Quelque futile que soit cette objection, nous ne négligerons pas de la réfuter.

Le produit moyen d'un arpent de la contenance de 48,400 pieds carrés, planté en tabac, est de 1200 livres pesant[1]. La consom-

---

1 La critique s'étant exercée avec partialité sur la culture du tabac, nous devons entrer dans quelques détails pour mettre en évidence tous ses avantages.

Il est généralement reconnu, dans les provinces où cette

mation générale de l'Europe, qui s'élève à 160 millions de livres, occuperait donc annuellement 134,000 arpens.

Suivant le Manuel d'arithmétique de La Grange, le territoire de la France, à l'époque de 1789, contenait 27,126 lieues carrées de 25

---

culture a lieu, qu'un arpent planté en tabac produit l'année suivante beaucoup plus de blé et du blé de meilleure qualité qu'un autre, parce qu'il profite à la fois et de l'engrais et dès opérations indispensables à cette culture.

En France, les produits agricoles sont en pleine végétation dès la fin du mois d'Avril, et entièrement récoltés vers le 15 Septembre, à l'exception de la pomme de terre, qui ne l'est qu'en Octobre.

La plantation du tabac commence en Mai et finit en Juin. Cette plante n'ayant besoin que de treize semaines d'exposition, ses fruits sont recueillis dans les hangars du 15 Septembre au 15 Octobre. Les travaux nécessaires à la culture du tabac ont donc lieu précisément dans les intervalles où tous les autres travaux du laboureur sont stationnaires; par conséquent, sous le rapport de la main-d'œuvre, elle n'est que peu ou point du tout dispendieuse.

Outre douze quintaux de feuilles on retire d'un arpent la charge de deux charriots, attelés de quatre chevaux, en tiges, qui sont un excellent engrais. La plante du tabac rend donc à la terre presque autant de sucs qu'elle lui en enlève.

Pendant qu'il est sur pied, le tabac demande à être sarclé trois fois : cette opération n'est pas seulement utile au tabac; elle enlève du champ toutes les herbes naissantes, elle rend le terrain parfaitement meuble, en sorte que le blé qui, suivant l'assolement indiqué, doit succéder au au degré, ou bien 105 millions d'arpens de 48,400 pieds carrés chacun, dont

13 millions en bois;
$5\frac{1}{3}$ — en vignes;
$\frac{1}{3}$ — en routes et rivières;
14 — en villes, bourgs, villages, hameaux, landes et terres incultes;
$74\frac{1}{3}$ — en terres soumises à la culture.

Lavoisier estime qu'à la même époque on entretenait en France pour la culture

---

tabac, peut y être semé moyennant un léger labour, et l'on est assuré que l'année d'après ce blé sera exempt de mauvaises herbes, lesquelles (chacun le sait) diminuent considérablement le produit des céréales.

Ce qui vient d'être exposé étant constaté par une expérience très-ancienne, il demeure avéré que la culture du tabac est à apprécier, non-seulement pour elle-même, mais pour toutes les faveurs (si l'on peut s'exprimer ainsi) qu'elle procure à celle des blés: aussi, dans les cantons qui sont depuis long-temps en possession de la plantation du tabac, les terres ont-elles un *tiers* de valeur de plus que dans les autres.

Nous nous plaisons à citer ici un fait relatif aux avantages que la culture du tabac peut procurer.

Un cultivateur de la commune de Hipsheim, en Alsace, a récolté d'un arpent de la contenance de 43,000 pieds, dont le terrain, d'excellente qualité, avait été cultivé l'année précédente en tabac, vingt-quatre rézaux, ou vingt-neuf hectolitres, de blé.

32,340,000 têtes de bétail, qui, d'après les observations multipliées de divers auteurs anglais, consommaient annuellement un milliard 187 millions de quintaux (poids de marc) de foin sec. Cette évaluation de consommation s'accorde avec celle donnée en argent par Lavoisier et qu'il fixe à un milliard 459 millions de francs; car, d'après cette somme, le foin reviendrait à 25 sous le quintal, ce qui est environ le prix moyen auquel il se vendait communément avant la révolution.

Divers auteurs qui ont écrit sur l'agriculture, portent le produit des prairies irriguées à 200 livres de foin sec par mille pieds carrés; des prairies ordinaires, mais fumées en hiver, à 150 livres; enfin, des prés artificiels, de 150 à 200 livres. Ne voulant point mettre d'exagération dans nos calculs, nous supposons un produit de 100 livres par mille pieds carrés, ou de 48 quintaux de foin par arpent de 48,400 pieds : en partant de là, l'entretien du nombre indiqué de bestiaux exigerait une étendue de terrain de 25 millions d'arpens, lesquels, défalqués des 74½ millions, n'en laissent plus que 49½ disponibles pour la nourriture des hommes. Il faut encore déduire le nombre d'arpens nécessaire à la production annuelle des semences; et, pour ne pas entrer dans des détails qui nous mèneraient trop loin, sachant, par exemple, que sur 13 rézaux de blé récolté il faut en réserver un pour l'ensemencement, nos 49½ millions d'arpens, réduits d'un treizième, donnent 45,539,000, que nous ne considérerons que comme 45½.

Si cette étendue de terrain était exploitée avec la même intelligence et les mêmes efforts que l'est le sol de l'Alsace, elle produirait, soit en blé, à raison de 13 rézaux (du poids de 185 à 195 livres) par arpent de 48,400 pieds, 111 milliards 972 millions de livres pesant; soit en orge, à raison de 18 rézaux (du poids de 150 livres) par arpent, 122 milliards 399 millions de livres; soit en pommes de terre, à raison de 144 sacs ou 11,520 livres par arpent, 522 milliards 236 millions de livres pesant.

Des expériences faites par des auteurs distingués de l'Angleterre constatent[1] qu'en Irlande, où la pomme de terre forme, durant neuf mois de l'année, l'unique nourriture des habitans de la campagne, la consommation moyenne d'un individu est chaque jour de 8 livres, ce qui fait 2,920 livres pour toute l'année; qu'en Écosse, où le peuple de la campa-

1 Farmers Magazine, Août [illegible], extrait par M. le professeur de la Rive.

gne se nourrit exclusivement de farine d'avoine, un paysan non marié consomme par an 730 livres pesant de cette substance. En réduisant cette quantité d'un cinquième, pour avoir la consommation moyenne par individu de tout âge et de tout sexe, il reste 584 livres.

La Grange évalue la consommation moyenne d'un individu en France à 583 livres de blé, 80 livres de viande, ensemble 663 livres, par an.

Or, une livre de viande contenant un cinquième de substance de plus que la livre de blé, nous devons fixer la consommation individuelle en blé de la France (d'après les données de La Grange) à 679 liv. par an. Cette dernière évaluation diffère de celle des auteurs anglais de 95 livres. La différence semble provenir de ce que La Grange a établi ses calculs sur la ration que l'on distribue aux troupes et sur la consommation des villes, tandis que les auteurs anglais n'ont considéré que la consommation des gens de la campagne, qui en général sont moins bien nourris que les troupes et les habitans des villes.

Quoi qu'il en soit, et comme toutes nos observations n'ont rapport qu'à la France, nous adopterons l'évaluation de La Grange.

Comparant donc la consommation individuelle, telle qu'elle vient d'être fixée, soit en blé, soit en pommes de terre, soit en orge, avec les quantités qu'en pourrait produire le sol de la France, ainsi que nous venons de le faire voir, s'il était tout cultivé à l'instar de l'Alsace, nous trouvons que le blé fournirait amplement à la nourriture de 164,913,000 individus; l'orge, à 180,263,000 individus; les pommes de terre, à 178,848,000 individus.

Prenant le tiers de ces trois nombres réunis, parce qu'il est d'usage, aussi bien en agriculture que pour la nourriture des hommes, de faire un égal emploi de ces diverses substances, il en résulte que le sol de la France, sans toucher à ses vignobles, à ses forêts, aux terres nécessaires pour ses mûriers, ses oliviers et pour l'entretien de 32,340,000 bestiaux, pourrait nourrir une population de 174,674,000 individus.

Si, en nous bornant au nombre réel des habitans de la France, nous envisageons sous un autre rapport les effets du travail et de l'industrie appliqués au sol de la France, nous trouvons, d'après les mêmes données de La Grange, qu'il faudrait, pour les besoins de la consommation,

	Arpens.
Six millions d'arpens cultivés en céréales ; ci	6,000,000
Vingt-cinq millions pour l'entretien des 32,340,000 bestiaux fournissant les viandes et les laines ; ci	25,000,000
Cent cinq mille arpens exploités en lin et en chanvre, à raison de deux livres par an et par individu, suivant les auteurs cités ; ci	105,000
Quatre cent soixante-un mille arpens pour les semailles ; ci	461,000
Total	31,566,000

En défalquant cette quantité de celle précitée de $74\frac{1}{3}$ millions, on obtient 42,767,000 arpens de la contenance de 48,400 pieds carrés, qui seraient entièrement libres, entièrement disponibles pour la culture de denrées et objets autres que ceux nécessaires à la consommation des 25 millions d'habitans de la France.

Que l'on fasse, si l'on veut, de fortes réductions sur ce nombre d'arpens disponibles, à raison du peu de fertilité de quelques contrées de la France (quoiqu'il soit avéré que l'homme, à force de sueur et d'industrie, parvient à fertiliser le sol le plus ingrat[1], et

[1] Il y a environ soixante ans que les terrains sablon-

quoiqu'il soit difficile de donner à ces réductions des bases certaines [1]), il n'en restera pas moins une prodigieuse quantité de terres qui pourraient recevoir toutes les branches connues de l'économie rurale.

C'est donc sans aucun fondement que l'on a soutenu que la culture des blés pourrait

---

neux du canton de Haguenau, en Alsace, n'étaient propres qu'à produire des seigles et même en petite quantité: un estimable Alsacien, M. Hoffmann, y introduisit la culture de la garance; cette branche nouvelle non-seulement enrichit le canton, mais fertilisa à un tel point ses terres, qu'aujourd'hui plusieurs d'entre elles produisent des blés en abondance.

2 Divers auteurs se sont occupés d'évaluer dans quelle proportion le blé rend généralement en France; les uns ont dit cinq rézaux pour un, d'autres six pour un, etc. Ils ont cru indiquer par là, soit le degré de fertilité du sol, soit celui de l'industrie agricole. Ils se sont trompés dans leurs calculs, parce qu'ils n'ont pas fait attention à la quantité de semailles que l'on employait sur un espace de terrain donné pour obtenir ces produits, ce qui souvent établit une différence totale. C'est ainsi que dans certains cantons en Alsace des cultivateurs sèment un rézal de blé sur un arpent de 48.400 pieds, et d'autres, encore dominés par d'anciens préjugés, en sèment deux dans des terres qui sont d'une nature absolument la même, sans que pour cela les seconds fassent une récolte plus *abondante* que les premiers.

La réduction dans la proportion des semailles s'est opérée de nos jours dans la plupart des cantons de l'Alsace.

souffrir d'une trop grande étendue donnée à celle des tabacs, parce que celle-ci, ainsi que nous l'avons observé, n'exigerait, même pour satisfaire aux besoins de toute l'Europe, qu'une superficie de 134,000 arpens.

Si l'on réfléchit combien la France conserve de ressources dans son territoire, combien le climat y est propice à tous les produits, combien les exemples de la perfection en économie rurale y sont fréquens, combien en général il y a de genres d'industrie répandus sur sa surface; l'on fait des vœux ardens et bien sincères, pour que ceux auxquels le dépôt de la prospérité publique est confié ne se livrent point à des systèmes fallacieux, pour qu'ils ne restreignent par aucun réglement prohibitif le droit de tirer du sein de la terre tout ce qu'elle veut fournir; pour qu'ils n'entravent en aucune manière l'industrie; que, bien loin de s'opposer à la plus grande production possible, ils fondent des primes d'une grande valeur en faveur de ceux qui en introduiraient quelque moyen nouveau.

2.e CONSIDÉRATION.

Le Commerce.

L'industrie, en se propageant, crée les objets nécessaires aux besoins que l'homme s'est formés ou que la nature lui a donnés. Souvent ces objets se trouvent placés à côté du besoin ; souvent on se les procure au moyen d'autres que l'on a en superflu. C'est ainsi qu'un propriétaire peut cultiver la vigne et le tabac, ou deux propriétaires cultiver chacun séparément l'une de ces plantes : dans ce dernier cas, l'un et l'autre obtiendront, par échange, l'objet qui leur manque ; tous deux auront cultivé pour les besoins qu'ils se sont faits.

En diminuant ou en prohibant quelqu'un des produits, on prive les propriétaires, en partie ou en totalité, de la chose nécessaire à leurs besoins, ou de ce qu'ils possèdent pour la remplacer.

Ainsi, transporter loin du sol national la faculté de produire tel ou tel autre objet, c'est placer un pays étranger aux droits de son propre pays; c'est déposséder celui-ci pour augmenter le patrimoine de l'autre.

Tel serait le résultat des mesures proposées

par ceux qui ont demandé le sacrifice de la culture indigène du tabac, sous le prétexte de favoriser le commerce par l'échange des produits de notre sol avec les feuilles de tabac des États-Unis de l'Amérique.

L'objet du commerce est de procurer le débouché le plus aisé et le plus utile aux produits[1] : ils sont donc bien mal avisés ceux qui pensent lui fournir un appui en diminuant la production ; ils demandent l'inverse de ce qui doit être, et, par une conséquence naturelle de leur faux système, ils veulent précisément qu'il soit privé des moyens qui le vivifient.

Les causes de la prospérité du commerce ne peuvent être d'une autre nature que celles qui l'ont fait naître. Il n'a rien été exporté avant qu'il n'y eût du superflu ; il ne peut être entrepris d'échanges qu'autant qu'il existe des objets échangeables ; et, plus un pays aura de ces objets, plus son commerce sera animé, plus il prospèrera.

Il a été parlé du commerce comme s'il formait par lui-même une richesse, comme

---

1 En économie politique le mot *produit* s'applique non-seulement aux fruits que donne la terre, mais aux résultats de tous les genres d'industrie ; et le mot *production* embrasse la généralité des produits d'une nation.

s'il était indépendant de la production. Le commerce est un puissant auxiliaire de la richesse; mais sa vraie source gît dans la production. De la surabondance de celle-ci naît naturellement le commerce, c'est-à-dire, les ventes lointaines et les retours en objets que notre sol ou notre climat nous refusent : il suffit pour cela que des vues fausses ou des systèmes mal entendus ne paralysent point l'action de l'industrie.

C'est donc uniquement sur l'augmentation de la production, même dans l'intérêt de l'industrie commerciale, que toutes les méditations des économes politiques doivent se porter, et il est surtout essentiel de remarquer ici, que la nation dont les productions intéressent le plus la généralité des classes de la société, est celle qui offre le plus d'aliment au commerce.

On a émis l'opinion que les Américains n'achèteraient pas nos vins de Bordeaux, si nous n'achetions pas leurs feuilles de tabac. Le raisonnement contraire serait donc aussi vrai, c'est-à-dire, que jusqu'à présent nous n'aurions pas acheté leurs tabacs s'ils n'avaient pas pris nos vins, ce qui est absurde.

Ce n'est point l'occasion, mais plus réellement le besoin qui établit les échanges d'un peuple à un autre. Les Américains continueront d'acheter nos vins de Bordeaux aussi long-temps que leurs habitudes et leur intérêt ne leur permettront pas de s'en passer.

Le sujet que nous traitons nous fournit lui-même l'application la plus exacte des principes que nous avons posés plus haut. Les États-Unis de l'Amérique seraient-ils aussi florissans, si nos ancêtres avaient permis la culture du tabac en France, si toute l'Europe ne s'en était rendue tributaire ? Il ne restera pas le moindre doute à cet égard, si l'on observe, d'après les calculs précédens (page 8), que leurs échanges en tabac avec les peuples européens s'élevaient annuellement à 36,000,000 de francs.[1]

La source de leur prospérité est dans les principes libéraux qui président à leur système d'économie, et qui ne permettent pas qu'il soit mis chez eux le plus léger obstacle à la production. Aussi long-temps que, dans nos relations avec eux, nous ne prendrons pas les *mêmes principes* pour guide,

---

1 En 1789, et avant, le prix des feuilles de l'Amérique, livrées sur les marchés de l'Europe, était de six sous par livre, et la quotité de ces versemens s'élevait par an à 120 millions de livres.

nous ne pourrons espérer aucun avantage durable.

D'ailleurs, grâces à ces *mêmes principes*, tout prospérera chez eux, même les vins délicats, aussitôt que leur population se sera suffisamment accrue, et que leur industrie aura pu se diriger aussi vers cette branche, à moins que la qualité de leur sol n'y apporte obstacle ; mais l'excellent tabac que leurs terres produisent, paraît être d'un augure favorable pour eux sous ce nouveau rapport.

La Suisse nous offre, dans un autre genre, un second exemple à l'appui de cette vérité. Cette nation, quoique mal située pour les relations commerciales, quoique dénuée des objets de première nécessité, et malgré l'infériorité de son sol, n'en jouit pas moins d'une grande production et d'une grande prospérité : c'est que le principe de l'indépendance de l'industrie, l'une des principales sources de la production, s'y trouve consacré.

Nous ne nous livrerons pas à de plus amples discussions sur cette matière ; nous observerons seulement que, nonobstant le grand nombre de faux systèmes que l'intérêt privé a souvent présentés sous le prétexte spécieux du bien général, c'est la première fois peut-être qu'au nom du commerce l'on a demandé, pour l'intérêt de la société, de détruire l'un des produits de sa culture et de son industrie; et une telle conception rappelle involontairement le passage suivant de Sully (Mémoires, livre XX) :

« Il est une espèce de flatteurs, donneurs « d'avis, qui cherchent à faire leur cour au « Prince, en lui fournissant sans cesse des « idées nouvelles pour lui rendre de l'ar- « gent; gens autrefois en place, pour la plu- « part, à qui il ne reste de la situation bril- « lante où ils se sont vus, que la malheu- « reuse science de sucer le sang des peuples, « dans laquelle ils cherchent à instruire le « Roi pour leur intérêt. »

3.e CONSIDÉRATION.

L'Impôt.

L'impôt dans un État n'est consenti par les citoyens qu'afin de procurer au Gouvernement le moyen de les protéger. Il est donc de l'essence de l'impôt de défendre la propriété. L'impôt finirait par entraîner la ruine de l'État, si, au lieu d'être utile à la propriété, il lui nuisait.

Or, la production seule constitue la véritable propriété; car, sans le concours de la première, celle-ci n'a aucune valeur. A quoi serviraient, en effet, des champs qu'on ne pourrait cultiver, des professions et des arts qu'il ne serait pas permis d'exercer? Cette production embrasse les denrées de toute espèce, les résultats de toutes les industries, tout ce que l'homme sait créer d'utile.

En considérant l'accroissement progressif de la valeur que les propriétés ont obtenue durant plusieurs siècles en France, on voit que l'industrie a, par la production, augmenté successivement les aisances de la vie; que l'aisance a influé d'une manière favorable sur la population; que l'augmentation de la population, à son tour, a provoqué un plus grand développement dans l'industrie, ouvert des sources plus abondantes à la production, et que, par ces moyens, la valeur des propriétés, presque nulle dans les âges barbares, s'est élevée jusqu'au taux où on la voit aujourd'hui. Ce léger aperçu doit servir à nous mieux convaincre de cette importante vérité, que la richesse d'un état est absolument liée à sa production, et que l'on ne saurait nuire à l'une sans ébranler l'autre dans ses fondemens.

Si donc un Gouvernement croit devoir jamais intervenir dans les ressorts qui font mouvoir l'industrie, l'effet de son intervention doit toujours être de favoriser la production.

Ainsi l'impôt, fondé pour le bien-être de la société, aura pour point déterminant de sa plus grande utilité celui où il s'oppose le moins à l'exercice de l'industrie, à l'abondance que les fruits multipliés de la terre peuvent nous procurer; en un mot, à la production, qui seule est le fondement de la richesse de l'État.

Le tabac, comme on l'a montré, est un objet de consommation générale en France et en Europe, et par cela même il doit être classé au premier rang parmi les objets qui constituent la production. Cette seule considération devrait déterminer la France à abandonner son produit à l'industrie de ses habitans; mais des motifs particuliers lui en font une loi.

La France n'a besoin de se rendre tributaire de l'étranger pour aucune des branches qui composent le produit du tabac; elle en possède tous les élémens. Sous ce rapport il est bien plus utile que les soieries, pour lesquelles il faut acheter de l'étranger les matières colorantes, souvent même la matière première. Il est absolument de la même nature que celui des vins, et a toute sa stabilité, parce que les deux tirent du sol de la France tout ce qui leur est nécessaire.

La consommation du tabac en Europe, malgré tous les réglemens qui, indirectement, l'ont limitée, verserait annuellement, ainsi que nous l'avons fait voir plus haut, à la fabrication et au commerce, sous un régime entièrement libre, 124,000,000 francs.

Il y a peut-être de la témérité de notre part à fixer d'avance la quantité de tabacs que la France serait admise à fournir sur les différens marchés de l'Europe; mais la perfection bien constatée des feuilles de nos provinces méridionales, la prééminence reconnue que l'art manufacturier avait atteinte en France pour cet article sur les autres contrées environnantes, nous portent à établir que la France parviendrait à approvisionner, soit en feuilles, soit en tabacs fabriqués, les trois quarts de l'Europe ou 120 millions de ses habitans.

Les versemens à l'étranger en tabacs fabriqués, en ne les comptant pas plus haut que ceux qu'opéraient les fabriques de Dunkerque et de l'Alsace, c'est-à-dire, à 25 millions de livres ou pour 25 millions d'habitans, au prix de $10\frac{1}{2}$ sous (taux moyen entre ceux indiqués plus haut, de 14 et de 7 pour les tabacs pris dans

les manufactures), donnent francs	13,125,000
L'approvisionnement en feuilles des 95 millions restant d'individus (la France elle-même comprise, parce qu'elle cesserait alors de se procurer, comme elle le fait aujourd'hui, une grande quantité de feuilles à l'étranger) ferait, pour 95 millions de livres, au même prix qu'avant la révolution	23,750,000
Total que la France percevrait chaque année[1]	36,875,000

Un accroissement aussi considérable de richesses serait, certes, du plus haut intérêt pour la prospérité de la France; mais il s'y en join-

[1] On trouve intéressant de faire ici un rapprochement entre les produits du tabac et ceux des soieries avant la révolution.

M. Tolosan, dont les données en cette matière sont reconnues exactes, dit que la valeur des soies brutes de cru français s'élevait, à l'époque de 1789, à 25 millions de francs. Or nous venons de voir que, par la culture du tabac, la France pourrait retirer d'une part 23,750,000f

de l'autre, pour la valeur de la matière brute comprise dans le montant des tabacs fabriqués qui se vendraient à l'étranger	6,250,000
Total	30,000,000f

drait annuellement un autre, non moins important.

Le Gouvernement réclame de l'impôt sur le tabac, par an, francs........ 25,000,000

La consommation du tabac en France, d'après sa population, doit être de 25 millions de livres, que le commerce libre aurait fournies jadis et qu'il fournirait encore au prix de 15½ sous la livre, ensemble pour une somme de........... 19,375,000

Les consommateurs devraient donc payer............... 44,375,000

Le monopole, ne livrant ses qualités moyennes qu'à 3 fr. 60 c. la livre, prélève tous les ans du contribuable 90 millions, c'est-à-dire, 45,625,000 fr. au-delà de ce qui entre en produit net dans la caisse du trésor, excédant qui est en conséquence en pure perte pour l'État, en pure perte pour les consommateurs, et qui fait voir sur quel système désastreux le monopole est établi.

M. Say, auteur du célèbre Traité d'économie politique, publié en 1814, dit, en parlant de l'impôt (chapitre 8):

« On ne peut prendre une part du revenu « du contribuable, sans le forcer proportion-

« nellement à réduire ses consommations. De « là, diminution de demandes des objets « qu'il ne consomme plus, et notamment de « ceux sur lesquels est assis l'impôt; de cette « diminution de demandes résulte une dimi- « nution de production, et par conséquent « moins de matière imposable. Il y a donc « perte pour le contribuable d'une partie « de ses jouissances, perte pour le produc- « teur d'une partie de ses profits, et perte « pour le fisc d'une partie de ses revenus. »

Les conséquences qui dérivent pour notre sujet des principes remarquables, établis dans cet article, sont que, les contribuables français payant de trop et en pure perte, sous tous les rapports, la somme précitée de 45,625,000 fr., il y a une diminution proportionnée dans la consommation d'autres objets non moins utiles à l'industrie, une diminution dans la production, une diminution dans les ressources de l'État, un appauvrissement national.

Les résultats médiats et immédiats de ce monopole sont donc de priver tous les ans la France d'une augmentation de produits de la valeur de .... 36,875,000f et de diminuer son industrie de celle de 45,625,000

Total 82,500,000f

Il est étranger à ce précis de débattre les divers systèmes établis en finances pour la création et le recouvrement des impôts. L'impôt est une chose nécessaire; mais, pour être utile à la société, il doit protéger la production. Afin de rendre ce principe plus évident, nous avons montré qu'une seule fausse mesure qui contrarie la production, dépouille tous les ans la France d'une somme de 82,500,000 fr.

Si à cet énorme dépérissement de la richesse nationale l'on ajoute que cette même mesure fait peser illégalement sur le contribuable une charge de 2 pour un qu'il s'est imposée, et sans même profiter au trésor, on reconnaîtra qu'un système aussi destructeur de la propriété de l'État, totalement vicieux dans ses combinaisons, ne saurait être trop tôt remplacé par un ordre de choses qui, sans diminuer les revenus du trésor, ne ravisse rien à la production, rien aux habitudes utiles à la société.

Il ne paraitra, sans doute, pas déplacé de mettre ici sous les yeux du lecteur le passage suivant de l'ouvrage déjà cité de M. Say (chap. 11), sur l'influence que les fautes en économie politique peuvent avoir sur le dépérissement des États: « Si les fléaux passagers

« sont plus affligeans pour l'humanité que fu-
« nestes à la population des Etats, il n'en est
« pas ainsi d'une administration vicieuse et
« qui suit un mauvais système en économie
« politique. Celle-ci attaque la population
« dans son principe, en desséchant les sources
« de la production ; et, comme le nombre
« des hommes s'élève toujours à peu près
« aussi haut que le permettent les revenus
« annuels d'une nation, un gouvernement
« qui diminue les revenus en imposant de
« nouveaux tributs, qui force les citoyens
« à faire le sacrifice d'une partie de leurs
« capitaux, et qui par conséquent diminue
« les moyens généraux de subsistance et de
« reproduction répandus dans la société ; un
« tel gouvernement non-seulement empêche
« de naître, mais on peut dire qu'il massacre :
« car rien ne retranche plus efficacement les
« hommes que ce qui les prive de leurs moyens
« d'exister. »

RÉSUMÉ.

On a montré que l'emploi général du tabac classe cette substance parmi les objets éminemment utiles en production.

Il a été reconnu que les feuilles de tabac récoltées dans le midi de la France ne laissent rien à envier aux qualités les plus estimées des crus de l'Amérique.

Il est avéré que l'industrie manufacturière avait naguères en France, quant au tabac, plus de perfection que dans toutes les autres contrées de l'Europe.

Personne ne peut contester que la consommation générale du tabac en Europe ne soit pour elle un objet de dépense annuelle d'au-moins 124 millions de francs.

Tout le monde est à même de reconnaître que la France, par sa position géographique, peut communiquer avec les diverses parties de l'Europe à aussi peu de frais que les États-Unis d'Amérique.

Ces considérations réunies semblent ne point laisser de doute que la France ne fût appelée à approvisionner de cette denrée les trois quarts de l'Europe, si son Gouvernement proclamait la liberté de son industrie agricole et manufacturière.

On a également fait voir que l'accroissement de richesse qui en résulterait pour la France, fixé sur les données les plus basses, s'élèverait par an à 82,500,000 francs, dont 36,875,000 d'acquisition entièrement nouvelle, et 45,625,000 qui cesseraient d'être enlevés à son industrie déjà existante.

Ces calculs sur les intérêts de la France sont prépondérans : puissent-ils frapper assez et ceux qui tiennent les rênes de l'État et ceux qui sont spécialement chargés de veiller à ses intérêts, pour les décider à opérer dans cette branche de l'industrie une innovation salutaire !

Mais il importe ici de considérer dans toute leur étendue les funestes effets du monopole; de montrer d'abord comment il coopère à la démoralisation publique; de faire voir ensuite combien le préjudice qu'il cause à la richesse de l'État s'aggrave d'année en année, combien surtout il deviendrait fatal si une guerre maritime venait à s'allumer de nouveau.

Les prix exorbitans auxquels les vices inhérant au monopole le forcent à vendre ses produits, sont un appât irrésistible pour la fraude; et la culture indigène du tabac met en quelque sorte sous la main les moyens de la faire. Le premier effet de cette fraude est de détourner ceux qui s'y livrent de l'état qu'ils avaient reçu de leurs pères, et qui leur aurait procuré une vie honnête et tranquille; peu après, ils se jettent dans les hasards, ils compromettent non-seulement leur honneur, mais leur existence, et jouent par conséquent aussi le sort de leurs familles. Que de vices accompagnent nécessairement une vie semblable, une vie aussi désordonnée! Réussissent-ils dans leurs entreprises, qui sont, pour ainsi dire, des coups de main; les énormes bénéfices qu'ils font ne servent qu'à alimenter les passions qu'ils engendrent: sont-ils pris et punis par les agens du Gouvernement, on les voit plongés dans la misère.

Il faut surtout remarquer que c'est la classe laborieuse de la société, celle des habitans des campagnes, que la fraude démoralise ainsi, et le nombre en est aussi grand, ou plus, que celui de ces individus que des droits excessifs, mis par un gouvernement destructeur sur l'entrée des denrées coloniales, entraînaient naguères au vil métier de la contrebande.

La loi du 24 Décembre 1814, qui détermine le privilége du Gouvernement sur la fabrication et la vente du tabac, établit une inspection sévère sur la culture. Elle accorde au Ministre la faculté d'augmenter chaque année les plantations ou de les restreindre, de les permettre ou de les prohiber, d'en acheter pour l'État ou de n'en pas acheter les produits; d'en fixer les prix, lesquels souvent, en apparence avantageux aux cultivateurs, leur deviennent onéreux par les conditions accessoires qu'on leur impose.

L'homme laborieux, en général, c'est-à-dire, celui qui contribue le plus efficacement à la production, ne trouve aucun encouragement dans un réglement qui l'expose constamment à des perquisitions vexatoires, et qui ne lui laisse, pour salaire de ses peines, que ce que la décision absolue d'un Ministre veut bien lui accorder.

Mais le cultivateur, qui ne retire aucun produit de la terre qu'au prix de ses sueurs, court à une ruine infaillible, lorsque des difficultés suscitées par un arrêté arbitraire l'empêchent de suivre les assolemens ordinaires; lorsque, dans l'incertitude d'obtenir ou non une permission de planter, il est obligé de laisser écouler une saison qui ne revient plus; lorsque, pour cette même cause, il ne peut d'avance approprier ses terres à la plante qu'il leur destine; en un mot, s'il ne peut faire usage de toutes les combinaisons et règles de son art, qui, quoique simples, n'en sont pas moins à respecter, parce qu'on ne les enfreint pas sans encourir un préjudice considérable.

Que sera-ce si ce laboureur est à chaque instant détourné de ses travaux pour assister, dans leurs visites domiciliaires, ces nombreux agens du monopole qui, toujours disposés à supposer la fraude, ne demandent qu'à verbaliser; si, malgré le bon témoignage de sa conscience, dans la crainte que lui inspire un procès-verbal qu'il ne sait pas lire et dont au moins il n'entend pas le style[1], il est forcé de s'imposer un sacrifice plus ou moins onéreux, pour s'éviter des déboursés plus grands encore en frais judiciaires? Le cultivateur, découragé, contrarié dans les moyens de rendre ses travaux lucratifs, incertain d'obtenir le prix de ses peines, abandonne une culture soumise à tant d'entraves, et avec elle périt l'une des branches de la production nationale.

Tel est le sort réservé à la culture du tabac en France, si les réglemens du monopole sont maintenus.

Déjà la faculté de planter a été retirée à un grand nombre de départemens, à ceux surtout dont les produits pouvaient remplacer les crus des États-Unis de l'Amérique; dans

---

1 On concevra sans peine que le nombre des gens de la campagne qui ne savent pas lire est très-considérable, et que la plupart savent à peine signer leur nom. Cette considération fera sentir combien est désastreux et immoral ce système qui couvre nos campagnes d'employés chargés d'aller à chaque instant contrôler dans leurs habitations les laboureurs, qui d'ailleurs, par leur état même, en sont presque constamment éloignés.

d'autres, elle a été réduite à un quart de ce qu'elle était il y a quelques années. Dans peu, lorsque la paix aura ramené les prix des feuilles de l'Amérique à leur taux ordinaire, et que le monopole (qui ne cache pas ses vues) en aura accru l'emploi dans sa fabrication, dans l'espérance d'augmenter par ce moyen la quantité de ses ventes, on verra la culture indigène toucher à son anéantissement.[1]

Si, après l'entier accomplissement d'un présage aussi funeste, mais bien fondé, des causes assez ordinaires font renaître une guerre maritime, quelles pertes énormes la

1 Il est curieux de rapprocher de ces détails le tableau de ce qu'opéra le monopole dans des vues semblables, lorsqu'en 1674, après la déclaration qui réserva au Gouvernement le privilége exclusif de la vente du tabac, la culture en fut peu à peu détruite.

« En 1676 on circonscrivit cette culture à des cantons « particuliers, et on la défendit partout ailleurs.

« En 1677 on la resserra encore davantage.

« Une déclaration de 1703 ajouta de nouvelles précau- « tions, telles que déclarations de planter, vérifications, « inventaires, etc.

« En 1707 on établit les peines les plus fortes contre « les fraudeurs.

« En 1719 la culture fut prohibée dans toute la « France en faveur de la compagnie d'Occident, et trans- « férée à la Louisiane. » (Letrône, ouvr. cité, p. 259.)

France n'éprouvera-t-elle pas ! Le calcul en est effrayant.

Lors de la guerre maritime de 1776, le prix des feuilles de l'Amérique s'éleva à 80 francs le quintal, poids de marc, c'est-à-dire, à 50 francs au-dessus du taux qu'une longue suite d'années avait fixé comme l'équivalent réel de la marchandise. La France, qui dans les provinces soumises au régime de la ferme comptait vingt-deux millions d'habitans, eût donc essuyé une perte annuelle de 11,000,000 de francs ; mais elle trouva d'abondantes ressources dans les provinces de la Flandre et de l'Alsace, auxquelles d'heureuses franchises avaient conservé le droit de cultiver le tabac. La ferme y fit, durant tout le cours de la guerre, le quart de ses approvisionnemens en feuilles, que néanmoins elle paya à raison de 40 francs le quintal poids de marc ; et, par ce moyen, la France ne perdit que 8,250,000 francs par an, ou les trois quarts de la somme établie plus haut.

Durant la révolution française, les relations avec l'Amérique ayant cessé pour une très-grande partie de l'Europe, le prix moyen des tabacs des États-Unis s'éleva généralement à 200 francs le quintal poids de marc, ou bien à 170 francs au-dessus de leur valeur intrinsèque. Sans le secours de sa culture indigène, qui à cette époque fut même propagée jusques dans ses provinces méridionales, la France eût déboursé chaque année, pour la consommation de 25 millions d'habitans seulement, 42,500,000 francs, ce qui eût fait, pour les vingt ans qu'a duré la guerre, une perte réelle de 850,000 millions.

Dans des conjonctures semblables, de pareilles causes produiront de pareils effets.

Si ces calculs sont de nature à faire comprendre qu'il est de la plus haute importance de rendre le produit du tabac indépendant des secousses qu'entraînent les événemens politiques, l'on reconnaîtra aussi que l'unique moyen d'y parvenir est d'adopter la mesure que réclame l'intérêt de la production envisagé sous tous ses rapports, c'est-à-dire, la liberté la plus absolue dans la culture du tabac.

Ainsi tout concourt à prouver la nécessité de faire rentrer le tabac parmi les branches de la production nationale.

La matière nous conduit, pour ainsi dire, d'elle-même à faire ici une dernière observation sur le monopole.

Les articles 1.er et 9 de la Charte constitutionnelle, base de notre législation, portent:

« Tous les Français sont égaux devant la « loi. Toutes les propriétés sont inviolables. »

Le réglement que l'intérêt du monopole a dicté au Ministre, en conséquence de la loi du 24 Décembre 1814, foule aux pieds ces dispositions si solennelles. Ce réglement accorde la faculté de planter du tabac à quelques habitans d'une commune, et la refuse à d'autres, parce qu'ils ne possèdent pas un certain nombre d'ares de terrain réuni en une seule pièce ; elle prohibe la culture du tabac dans des cantons qui de temps immémorial en ont été en possession : et par là des sujets français sont privés des droits que leur assure la Charte, du bienfait de la justice distributive, sous les yeux d'autres habitans qui en jouissent. Par ces mesures encore, d'innombrables propriétés en bâtimens, en hangars élevés à grands frais, qui n'ont d'autre destination que les soins à donner au tabac, sont entièrement dépréciées, privées de toute valeur.

FIN.

www.ingramcontent.com/pod-product-compliance
Lightning Source LLC
LaVergne TN
LVHW012007160826
845678LV00002B/706